6 支甲油玩转百变美甲

摩天文传 著

中国铁道出版社

CHINA RAILWAY PUBLISHING HOUSE

图书在版编目（CIP）数据

6 支甲油玩转百变美甲 / 摩天文传著 . -- 北京 : 中国铁道出版社 , 2015.3

ISBN 978-7-113-19716-2

Ⅰ . ① 6… Ⅱ . ①摩… Ⅲ . ①指（趾）甲—化妆—基本知识 Ⅳ . ① TS974.1

中国版本图书馆 CIP 数据核字 (2014) 第 292820 号

书　　名： 6 支甲油玩转百变美甲

作　　者： 摩天文传 著

责任编辑： 郭景思	**编辑部电话：** 010-51873179	**电子信箱：** guo.ss@qq.com
装帧设计： 摩天文传		
责任校对： 龚长江		
责任印制： 赵星辰		

出版发行： 中国铁道出版社 (100054，北京市西城区右安门西街 8 号)

网　　址： http://www.tdpress.com

印　　刷： 中国铁道出版社印刷厂

版　　次： 2015 年 3 月第 1 版　2015 年 3 月第 1 次印刷

开　　本： 720mm×960mm　1/16　**印张：** 10　**字数：** 150 千

书　　号： ISBN 978-7-113-19716-2

定　　价： 38.00 元

前言

百变美甲！只需备齐 6 支甲油就能做到

　　杂志上花样繁复的美甲款式是否让你心动不已？但杂志上天马行空的用色却让你在甲油数量前面望而却步？我们也许无法像专业美甲店那样准备好成百甚至上千瓶甲油，但只要准备 6 瓶甲油，你也能在家为自己打造一个人人心仪的小小美甲工作室。从简单的一色图案演变到三色图案，手把手教会你使用这所向披靡的 6 支甲油的百变绝招！

创意爆棚！身边的小工具助你一臂之力

　　太专业的美甲用具也许你没有，但这并不是阻碍美甲的路障。这本书将教会你利用身边常见的小工具取代专业工具，用最简单、最便捷的方法达到美甲师级别的手艺。常见的发夹、海绵、报纸等……只需发挥你的想象力，就能轻松拥有既有乐趣又有时尚感的美甲款式。

涉及全面！美甲只是爱美旅途的开端

　　当你已经熟练运用小工具和备齐 6 支甲油，说明你已经开启爱美旅途的开端。本书还会教你学会利用美甲掩饰手指的缺点，让指甲真正的"美"起来。此外，在特定的场合，不仅要选对衣服也要根据衣服来搭配特定的场合美甲，学会了这些，你已经可以成功晋升为美甲搭配大师啦！

专业团队！倾情打造最简单实用的百变美甲书

　　本书由国内最好的女性美容时尚图书创作团队摩天文传所创作，团队中的资深美容编辑携手专业美甲师，挑选全球最时尚、最实用的美甲款式，将它们量身改造成为 6 支甲油就能够完成的精美款式，让你足不出户就能拥有最精致的美甲，成为朋友们眼中的美甲大师。

CONTENTS

目录

Chapter 1
美甲常识先知道

Chapter 2
基础入门！ 6 支甲油也能点亮双手

贴饰制胜！粘贴技巧营造指尖美感

Chapter 4
造型升级！通过美甲改变双手印象

Chapter 5

无限创意！有趣新颖的美甲画法

Chapter 6

场合应用！美甲助阵全身穿搭

polish nails

Chapter 1

美甲常识先知道

美甲的各种缤纷图色是否让你既向往又不知从何下手？
如何利用看似普通的甲油，迅速成为美甲达人？
现在 6 支百搭甲油，就能让你轻松百变。
但在此之前，我们应该知道一下基本的美甲技巧及护甲方法，跟随本章进入
美甲的"纤纤"世界吧！

美甲新手必须了解的工具

指甲钳

指甲钳的用途是安全剪去长指甲，安心清理指甲内部污垢。刀口经过热处理，采用切断形式，两个刀刃对齐，指甲的切断面会更加光滑，碎甲不容易飞溅。

指甲锉

指甲锉是用来修磨指甲形状的小工具，根据剪好的指甲进行更深层次的调整。它通常分为六种形状：方形、方圆形、椭圆形、尖形、圆形和喇叭形，可以根据需求选择。

死皮叉

死皮叉可以用来修理指甲边缘角质，去除死皮不伤手。在指甲边缘涂抹死皮软化剂。用钢推将指甲边缘的角质，轻轻地往后推，就可拥有清洁的指甲，手指也会显得修长。

死皮剪

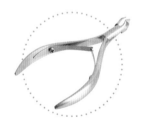

死皮剪可以轻松帮你剪去死皮。死皮剪刀口小、刀锋快，可以轻松剪掉多余的死皮，外形小巧，方便携带，具有最佳的平衡性和掌握性。

抛光海绵

抛光海绵可以把指甲表面的坑纹打磨平整光亮，使指甲透出健康光泽的同时，为下一步涂指甲油打好基础，可以让指甲油涂起来更加顺滑，也让指甲油的效果更加晶莹剔透。

装饰小物

琳琅满目的装饰小物可以根据你的美甲风格来丰富美甲效果，让美甲更精致、更立体，它们大多是由树脂、金属、软陶和布艺等材料制作而成。

橘木棒

橘木棒不仅能够便于粘贴装饰美甲的小水钻，同时还能够更好的清洗美甲，让指甲边缘溢出的指甲油得到更好的处理。此外，橘木棒还能够充当简单的死皮推，处理掉死皮钳剪掉已经拱起的死皮。

防静电取钻镊子

一把小镊子是做植绒美甲必用工具。摄子要防静电的，最适合做丝绒，可以轻松迅速地把丝绒覆盖在甲面上，还可以用来取钻取合金。

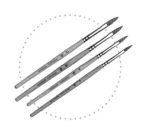

美甲雕花笔

美甲雕花笔是美甲专用勾线绘花的笔，它的材质顺滑，而且不易分毛。质地好，笔头比较细。很适合用来在指甲上作画，比如点花心，画花瓣或者较团圆的花朵。

触按感应式指甲烘干机

这种专门式的指甲烘干机小巧方便，能快速让指甲油变干。手指涂过指甲油后，把手指放在出风口，轻轻按下搁板，小吹风机即自动感应吹出凉风，使指甲油很快凝固在甲面上。

海绵分指器

使用海绵分指器可以使涂指甲变得更加便利、舒适，保证指甲油不会沾染到其他的指甲上。

2 美甲之前先修手

　　常言道，看人先看手，看手先看指甲，指甲干不干净，整不整齐，是别人评价我们的一个标准。虽然修甲是我们日常生活中经常会做到的事，但是你的修甲方式是正确的吗？

Step 1

先把手放在装有温水的泡手碗里浸泡 5 分钟，泡好后将手擦干。

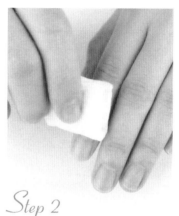

Step 2

使用专门的指部死皮软化剂，涂抹在指甲后缘，起软化甲尾死皮的作用。

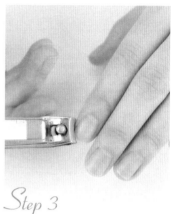

Step 3

用指甲钳修剪死皮和倒刺，操作时一定要特别小心，避免剪到甲基肉。

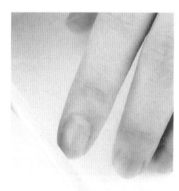

Step 4

用指甲钳适当修剪后，用指甲锉修饰指甲前端锐利处，使弧度变得圆滑。

Step 5

用抛光海绵打磨指甲，让指甲的整体光泽度得到提升。

Step 6

用指甲刷清理碎屑，然后给指甲涂上钙油，使指甲不易断裂。

修剪甲形奠定美甲基础

　　不同的指甲形状表现出了不同的性格特征，比如拱形指甲代表这个人不好争执，个性温和；长方形指甲代表成熟稳健，做事有条不紊等。学会修剪出自己喜欢的甲形，会让你的气质一起改变。

Step 1

先将手指甲浸泡在温水中5分钟，让指甲变软。

Step 2

仔细观察自己的指甲，在心中构想一个自己喜欢的甲形。

Step 3

用指甲钳修剪掉过长的指甲，剪出指甲的基本形状。

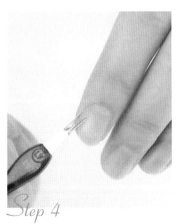

Step 4

用死皮叉仔细地去除指甲周围的死皮。

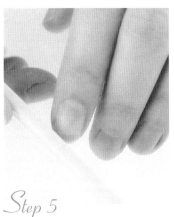

Step 5

用指甲锉将指甲边缘磨成平滑形状，防止指甲断裂。

Step 6

最后用抛光海绵将指甲表面向同一方向抛光。

4 涂刷甲油的基本方法

掌握了最基础的甲油涂抹方法，便能做出漂亮的美甲造型了，选择一款自己喜欢的甲油颜色，马上实践起来！

Step 1

先用湿纸巾对甲面进行清洁，保持甲面干爽。

Step 2

给指甲上一层底油，可以帮我们的指甲和指甲油做隔离，避免色素沉淀。

Step 3

在指尖上擦上指甲油，避免在指甲油涂好后留下指尖的褶皱。

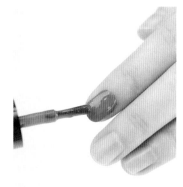

Step 4

然后将甲面上剩余部分涂满甲油，以此方法进行第二遍上色。

Step 5

用橘木棒清除指甲边缘涂出位的指甲油，使其线条干净、清爽。

Step 6

最后给指甲涂上一层亮光油，提亮指甲色泽，保护指甲颜色不易脱落。

5 甲油快干的小秘诀

　　当你花了半个小时的时间，使尽浑身解数终于涂完了一手漂亮的指甲，却还要花半个小时等指甲干透，在这期间若稍有不慎就会弄花美甲，功亏一篑，是不是倍感时间浪费？但其实只需用一些小工具就能让指甲油快干。

Step 1

把指甲油放冰箱保存，冰过的指甲油在空气中很容易干燥。

Step 2

用湿纸巾对甲面进行清洁，保持甲面干爽。

Step 3

给指甲上一层底油，可以帮我们的指甲和指甲油做隔离。

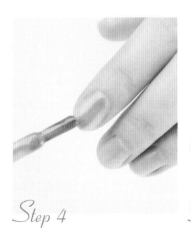

Step 4

选择快干型指甲油，由指甲中间向两侧开始涂刷。

Step 5

再涂抹一层快干亮油，既可以保护指甲又能加速甲油快干。

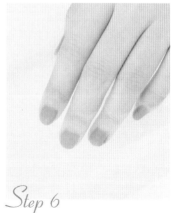

Step 6

最后将双手轻轻放入冷水中，同样是有助指甲油快干。

卸除甲油的基本方法

我们的指甲每天都在生长，时间一长，美甲表层的图案就会被刮花，美甲的整体造型就会逊色很多。让其自然脱落，需要很长的时间；如果补色，又会影响美甲整体的协调感。所以学会卸除甲油与上甲油一样重要。

Step 1

先用指甲钳把假指甲剪短一些，注意不要剪到真指甲。

Step 2

在洗甲棉上蘸适量的洗甲水。

Step 3

用沾有洗甲水的洗甲棉按压甲面，让甲油充分接触到洗甲棉上的洗甲水。

Step 4

将按压在甲面上的洗甲棉用力往指甲外擦。

Step 5

用洗甲棉来回擦拭指甲周围及肉缝处残留的指甲油。

Step 6

最后用酒精清洗干净指甲即可。

会严重伤害指甲的错误做法

　　美丽的指甲造型要有一副好的指甲做底子，千万不要出现将甲片卸下来后指甲出现凹凸不平、略有发黄的情况，保护好我们的指甲要从每一个小细节做起，杜绝严重伤害指甲的做法。

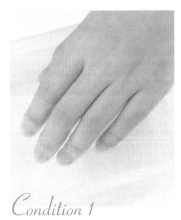

Condition 1

直接用指甲钳剪指甲容易造成指甲断裂，应该先将双手用温水浸泡几分钟，软化指甲。

Condition 2

卸甲水中的化学物质会伤害到指甲表面的保护膜，所以涂抹甲油前要上一层底油保护指甲。

Condition 3

用指甲锉来锉掉指甲上的老茧，摩擦时会伤害到肌肤，最好先涂一层按摩油。

Condition 4

修剪指甲时若不小心使指甲断裂或是开花，可以涂抹指甲增厚液，增厚指甲。

Condition 5

由指尖推除指甲贴，可能造成指甲剥离，应该先用温水泡软后以橘木棒从甲片两旁轻轻撬开，将甲片推除。

Condition 6

经常做美甲，多少都会伤害到指甲，所以在美甲剥落时就及时卸掉，给指甲呼吸一下新鲜空气。

8 必备的护甲产品推荐

频繁美甲或使用产品不当就会造成指甲损伤，挑选护甲产品也十分重要，爱好美甲也要从护甲开始。

牛油果指缘油

指甲专用精华液，含有丰富的牛油果精华，超强抗氧化能力，恢复指甲周围皮肤柔软、弹性，有效抑制倒刺、干裂现象，给予皮肤充分的滋润。

加钙底油

专门针对指甲断裂及剥落状况的修护产品，加钙底油相当于指甲的隔离霜，富含角质氨基酸，帮助增强指甲的硬度，预防天然指甲斑点产生，长效护理指甲。

美甲死皮软化剂

神奇软化死皮，让指甲蝶变新生。死皮软化剂可让甲面迅速吸收营养，维持最佳保湿状态，可以轻松激活新细胞的再生，使干燥、粗糙的死皮得到改善。

手部免洗消毒液

手部免洗消毒液没有消毒液的味道，几秒即可干净并变干，不会油腻和不湿润。使用手部免洗消毒液，无需再洗手，在美甲中非常方便。

牛奶洗甲水

　　牛奶洗甲水含有乙醇、丙二醇、牛奶提取液等多种成分，性质温和纯正，可以快速帮你卸除指甲油，一擦即可。

解胶剂

　　解胶剂用于卸除假指甲，解除各种胶剂。将解胶剂涂在甲片的周围和指甲的内侧，等待一会再用死皮叉从旁边慢慢翘，即可解下甲片。

美甲洗甲棉

　　美甲洗甲棉含有天然植物成分，不伤皮肤，无刺激性气味，具有保护指甲的功效。使用洗甲棉，无需倒入洗甲水，即可使用。

水果味卸甲巾

　　卸甲巾富含维他命 E 配方，有效去除甲油。当您不小心画错自己的美甲时，只要取一片抹一抹，即可瞬间去除。

洗甲膏

　　洗甲膏含有天然果酸 VC 等多种护甲成分，有超强的渗透性，可以直达指甲深层，一次完成护养与洗甲两大问题。

polish nails

Chapter 2
基础入门! 6支甲油也能点亮双手

作为美甲的基础入门，快先摒弃掉只涂纯色的习惯吧！

现在6支百搭甲油，就能让双甲轻松百变。

赶快进入本章，学习利用少量颜色来碰撞出多彩美甲的方法。

搭配简单个性的图案，轻松点亮你的双手。

珍珠白　雅致色调彰显贵气

　　白色代表纯洁、雅致，是明亮度最高的颜色。而珍珠白的光泽相较于纯白，不那么耀眼，给人感觉比较沉着，更显贵气。

暗夜黑 神秘黑色最为耀眼

黑色与白色正好是两个极端对立的颜色。黑色可以表现出冷酷、黑暗，也可流露出高雅、稳重。黑色几乎能搭配所有颜色，让其他颜色看起来更亮眼、更突出。

蛋奶黄　柔和亮度轻快明亮

　　黄色是很显眼的颜色，它代表希望和快乐。蛋奶黄明亮又不会过于耀眼，给人柔和的、暖暖的感觉。它和其他颜色搭配起来，让指甲更加动感出挑。

森林绿 复古绿色经典百搭

森林绿凝练、饱满，仿佛是好几种绿的叠加效果，绿得更纯粹、更有力。森林绿是极能和设计融合的，无论是现代风格还是复古基调的设计，都能融会贯通仿若一派。

5 明艳红 亮丽色彩热情洋溢

　　明艳红奔放而浓烈，是很夺目的颜色。它所体现的女人味可以热情而有活力，也可以高贵又不失浪漫。在逐渐变冷的秋冬季，不妨用红色来做个调剂。

天际蓝 欢快蓝色活力四射

源于天际边的颜色清澈明朗，洋溢着各种活力。比起宝石蓝的忧郁气质，天际蓝更能体现你阳光的一面。

7 两种颜色打造基础圆点

Finish

　　可爱的波点纹绝对是时尚界不老的神话，样式简单却极富想象力，充满了蓬勃的朝气，蓝白色调搭配就像蓝天白云的组合，给人一种清新自然的亲切感。

Step 1

将底油用小刷子均匀地涂在甲片上，等待底油晾干。

Step 2

将适量的蓝色和白色甲油滴在调色盘上。

Step 3

用刷子将蓝色和白色甲油混合，调出淡蓝色。

Step 4

用小刷子将调出的淡蓝色涂在甲片上，颜色要均匀。

Step 5

用点花笔蘸上白色甲油，在需要的地方点上圆点。

Step 6

最后在甲片上涂上一层亮油，让美甲颜色更亮丽也更持久。

8 两种颜色打造甜美蝴蝶结

Finish

　　蝴蝶结是饰品里永不过时的重要元素，它代表心底总是有着一份对于纯真的向往和迷恋。清新的线条描绘出蝶之灵动，述说出充满想象力和女人味的浪漫蝴蝶情结。

Step 1

用白色指甲油刷满甲片，从中间到两侧均匀刷三遍。

Step 2

用雕花笔蘸上蓝色甲油，在甲片中间画一个小圆圈。

Step 3

用雕花笔在小圆圈左右两边各画一个横着的心形。

Step 4

以小圆圈为中点，先朝左下方画一条丝带。

Step 5

再朝右下方画一条丝带，左右两条丝带基本对称。

Step 6

用雕花笔蘸上蓝色指甲油，在甲片的空白处点上圆点。

两种颜色打造甜蜜心形

Finish

以爱为名义的心形指甲彩绘描画起来简单又不失甜美，大大的心形不需要过多的装饰就能带给你好运，用甜美的爱心来谱写属于你的浪漫记忆。

Step 1

将底油用小刷子均匀地涂在甲片上，等待底油晾干。

Step 2

用白色指甲油刷满甲片，从中间到两侧均匀刷三遍。

Step 3

用雕花笔蘸一点红色甲油，在甲片中间画一个爱心。

Step 4

用雕花笔蘸多一些红色甲油，将爱心图案填充满。

Step 5

爱心图案中甲油涂得不均匀的地方，用雕花笔涂匀。

Step 6

为防止指甲油脱落，最后在甲片上涂上一层亮油。

10 两种颜色打造活力星星

Finish

星形图案代表张扬活力的个性，在美甲图案中备受欢迎，无论单独出现还是搭配条纹的图案，都会让单调的美甲充满活力。

Step 1

先将指甲过长部分减掉，用打磨条磨出想要的形状。

Step 2

将底油用小刷子均匀地涂在甲片上，等待底油晾干。

Step 3

在甲片上涂一层蓝色甲油，从中间到两侧均匀刷三遍。

Step 4

用雕花笔蘸一点白色甲油，在甲面上画一个五角星。

Step 5

用蘸了白色甲油的雕花笔，错落有致地画几个五角星。

Step 6

为防止指甲油脱落，最后在甲片上涂上一层亮油。

11 两种颜色打造活泼奶牛纹

Finish

可爱的奶牛纹充满了童趣的欢快气息，黑白组合不会显得老气沉闷，反而更加清新可爱。奶牛纹讲究不刻意的非对称形式，在绘画时也可以随心所欲，不必纠结是否大小一致。

Step 1

用白色甲油刷满甲片，从中间到两侧均匀刷三遍。

Step 2

用雕花笔蘸取黑色甲油，在甲片上开始画奶牛纹。

Step 3

用雕花笔点在甲片上，轻轻运转笔尖，将奶牛纹晕开。

Step 4

在甲片侧面画上半个样子的奶牛纹，营造出自然的效果。

Step 5

在画奶牛纹时，注意大小不一，形状不要对称。

Step 6

最后在甲片上涂上一层亮油，让美甲颜色更亮丽也更持久。

两种颜色打造经典斑马纹

Finish

　　动物纹总会给人们带来无限的想象及灵感，角逐在时尚前端的斑马纹总是带着一股野性的气息，黑白相间的经典色彩无论在什么时候都是最抢眼的一款。

Step 1
将底油用小刷子均匀地涂在甲片上，等待底油晒干。

Step 2
用白色甲油刷满甲片，从中间到两侧均匀刷三遍。

Step 3
用雕花笔蘸上黑色甲油，在甲面上描画几条随意的竖条。

Step 4
用黑色甲油将之前描好的竖条加粗，保持粗细不一。

Step 5
竖条图案中甲油涂得不均匀的地方，用雕花笔涂匀。

Step 6
为防止指甲油脱落，最后在甲片上涂上一层亮油。

两种颜色打造俏皮胡子

Finish

性感的小胡子画在指甲上可爱又俏皮，非常有卡通形象感，透明的底色简单大方，可以更好的突出小胡子造型。

Step 1

用白色甲油刷满甲片，从中间到两侧均匀刷三遍。

Step 2

用雕花笔蘸一点黑色甲油，在甲片中下部分点两个圆点。

Step 3

估计好胡子的长度，用黑色甲油在左右两侧画两个定点。

Step 4

用雕花笔蘸上黑色甲油，用曲线连接中间圆点和侧边的定点。

Step 5

再用更多黑色指甲油将曲线加粗，描出胡须的形状。

Step 6

用同样步骤在另一边描出胡须，保持图案基本对称。

14 两种颜色打造个性唇印

Finish

　　火辣辣的红唇使得性感指数飙升，重点是要将红唇纹路也能仔细的描画出来，自然而粗糙的线条有一种原始的野性美，令你在诸多小清新中占得头筹。

Step 1

先将指甲过长部分减掉，用打磨条磨出想要的形状。

Step 2

将美甲底油用小刷子均匀地涂在甲片上，等待底油晾干。

Step 3

用白色甲油刷满甲片，从中间到两侧均匀刷三遍。

Step 4

将涂好白色的甲片放在通风的地方，等待晾干。

Step 5

用雕花笔蘸一点红色甲油，轻轻描出唇印的形状。

Step 6

最后在甲片上涂上一层亮油，让美甲颜色更亮丽也更持久。

15 两种颜色打造清新雏菊

Finish

　　清新淡雅的雏菊花不落俗套，描画起来也比较简单。雏菊的花语是"隐藏在心中的爱"，将你的欢喜描绘在指甲上，相信你的那个他也会明白你的小心思。

Step 1

先将指甲过长部分减掉，用打磨条磨出想要的形状。

Step 2

将底油用小刷子均匀地涂在甲片上，等待底油晾干。

Step 3

用黄色甲油在甲片上点上雏菊的花芯。

Step 4

用雕花笔蘸一点白色甲油，描出雏菊花瓣的轮廓。

Step 5

用蘸了白色甲油的雕花笔将雏菊花瓣的形状补充完整。

Step 6

为防止指甲油脱落，最后涂上一层亮油。

16 三种颜色打造简约条纹

Finish

条纹的风暴再度席卷而来，通过色彩的变化体现出不同的风格，经典的竖纹搭配粉嫩的色彩，别有一番海岸风情。

Step 1

将白色甲油刷满甲片，从中间到两侧均匀刷三遍。

Step 2

将适量的白色和红色甲油滴在调色盘上。

Step 3

用刷子将白色和红色甲油混合，调出粉色。

Step 4

用雕花笔蘸一点粉色甲油，画四条平行竖条纹。

Step 5

用雕花笔蘸一点黄色甲油，填充在白色部分。

Step 6

最后在甲片上涂上一层亮油，让美甲颜色更亮丽也更持久。

17 三种颜色打造实用格纹

Finish

搭配好看的格纹一定要选对色彩组合，清新的浅蓝和黄色的组合不但可以调节心情，更可以在不经意间改善暗沉的肤色。

Step 1

在距离甲尖 3/4 处，涂上一层黄色甲油。

Step 2

将适量的白色和蓝色甲油滴在调色盘上。

Step 3

用刷子将白色和蓝色甲油混合，调出淡蓝色。

Step 4

用雕花笔蘸上淡蓝色甲油，先画三条平行横线。

Step 5

再画三条平行竖线，不要超过黄色甲油部分。

Step 6

最后在甲片上涂上一层亮油，让美甲颜色更亮丽也更持久。

18 三种颜色打造野性豹纹

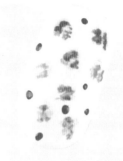

Finish

　　谁说豹纹就一定得是性感夸张极具张力，樱桃粉和白色相间的豹纹图案不但没有侵略性反而显得特别生动活波，搭配红色波点更显可爱气质。

Step 1

将适量的白色和红色甲油滴在调色盘上。

Step 2

用刷子将白色和红色甲油混合，调出粉色。

Step 3

在涂了白色甲油的甲片上，用粉色甲油描出豹纹位置。

Step 4

用雕花笔蘸一点粉色甲油，画出豹纹形状。

Step 5

用蘸了粉色甲油的雕花笔加深豹纹图案的颜色。

Step 6

用雕花笔蘸一点红色，在空白处点上小圆点。

19 三种颜色打造典雅法式边

Finish

　　不同于一般的法式边指甲彩绘造型，不规则的曲线界线更有跳跃感，加以粉色和蓝色的撞击视觉，让指尖优雅中带着俏皮感。

Step 1

先将指甲过长部分减掉，用打磨条磨出想要的形状。

Step 2

将底油用小刷子均匀地涂在甲片上，等待底油晾干。

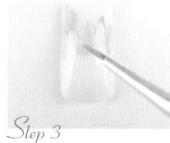

Step 3

用白色和红色甲油调和成粉色，涂抹在甲片上半部分。

Step 4

用蘸了粉色甲油的雕花笔继续上色，让甲片颜色更饱满。

Step 5

用雕花笔蘸一点蓝色甲油，沿着不规则曲线勾画。

Step 6

为防止指甲油脱落，最后涂上一层亮油。

三种颜色打造西班牙国旗

Finish

西班牙国旗图案相信是每个球迷都必选的图案，火热的红色搭配富有活力的柠檬黄画出西班牙球队的热情活力。

Step 1

先将指甲过长部分减掉，用打磨条磨出想要的形状。

Step 2

将白色甲油刷满甲片，从中间到两侧均匀刷三遍。

Step 3

再用红色甲油刷满甲片，等待甲油晾干。

Step 4

在甲面中间用黄色甲油画一条较粗的竖线。

Step 5

用蘸了黄色的雕花笔对竖线进行修整。

Step 6

为防止指甲油脱落，最后涂上一层亮油。

21 三种颜色打造百搭十字纹

Finish

十字纹并不在意是否对称，也不要求线条的粗细一致，两种撞色的运用更是深谙时尚之道，由简单线条组合在一起的图案看起来一点也不简单。

Step 1

将底油用小刷子均匀地涂在甲片上，等待底油晾干。

Step 2

将白色甲油刷满甲片，从中间到两侧均匀刷三遍。

Step 3

用雕花笔蘸一点红色甲油，在甲片上半部画十字。

Step 4

继续用蘸了红色甲油的雕花笔画十字，图案错落有致。

Step 5

在空白处用蘸了蓝色甲油的雕花笔画蓝色十字。

Step 6

为防止指甲油脱落，最后涂上一层亮油。

22 三种颜色打造浪漫火烈鸟

Finish

　　色彩鲜艳的火烈鸟带有浓郁的热带雨林风情，搭配心形图案营造出浪漫情怀，让指间也充满柔情。

Step 1

将白色甲油刷满甲片，从中间到两侧均匀刷三遍。

Step 2

用蘸了红色甲油的雕花笔，在甲面描出火烈鸟的位置。

（右图）

Step 3

用雕花笔蘸一点红色甲油，描出火烈鸟的形状。

Step 4

用黑色甲油在空白处点上小圆点，定出爱心的位置。

Step 5

用雕花笔蘸一点黑色甲油，在定点处画上爱心。

Step 6

为防止指甲油脱落，最后涂上一层亮油。

23 三种颜色打造创意混色

抛开规矩的颜色和死板的条条框框，就像涂鸦一样随意描绘色彩，搭配撞色，故意营造交界处的模糊感，简单却够炫目。

Finish

Step 1

用白色指甲油刷满甲片，从中间到两侧均匀刷三遍。

Step 2

用刷子蘸一点黄色甲油，不规则地涂在甲片上。

Step 3

用刷子蘸上蓝色甲油，涂在甲片左下方和右上方。

Step 4

再用刷子蘸上黄色甲油，刷在甲片右下方和左上方。

Step 5

用刷子将黄色和蓝色甲油的交界处轻轻混合。

Step 6

最后在甲片上涂上一层亮油，让美甲颜色更亮丽也更持久。

24 三种颜色打造卡通帆布鞋

Finish

　　帆布鞋几乎是人人必备的单品，无论什么年龄段的女生穿上帆布鞋，总能散发出学生时代的气息。以鲜嫩的颜色和简单的线条就能将这份气息在指尖展现。

Step 1

用白色指甲油刷满甲片，从中间到两侧均匀刷三遍。

Step 2

将甲片的 2/3 处到甲尖部分，用刷子均匀涂上黄色甲油。

Step 3

用蘸了白色甲油的雕花笔在黄色部分点上 6 个点。

Step 4

用雕花笔蘸一点白色甲油，在 6 个白点间连线。

Step 5

用雕花笔蘸一点黑色甲油，在 6 个白点上点上小黑点。

Step 6

最后在甲片上涂上一层亮油，让美甲颜色更亮丽也更持久。

三种颜色打造香甜樱桃

Finish

　　若想表现出清新自然的感觉，水果图案向来都是首选。嫩绿色的叶子加上鲜红的樱桃果实，看起来就很酸甜可口，让人充满青春的气息。

Step 1

将底油用小刷子均匀地涂在甲片上，等待底油晒干。

Step 2

用白色指甲油刷满甲片，从中间到两侧均匀刷三遍。

Step 3

用蘸了绿色甲油的刷子在甲片上方画出樱桃的叶子。

Step 4

用蘸了红色甲油的雕花笔画上两个樱桃的形状。

Step 5

用刷子蘸一点白色甲油，在两个樱桃上各点一个白点。

Step 6

最后在甲片上涂上一层亮油，让美甲颜色更亮丽也更持久。

26 三种颜色打造潮流香蕉

Finish

美甲中怎么能少了可爱的水果图案，不用真的品尝只要看到图案就好像能够闻到香甜的气息，黄色的香蕉图案充满了热带风情，令人感受到夏天的气息。

Step 1

将底油用小刷子均匀地涂在甲片上，等待底油晒干。

Step 2

用白色指甲油刷满甲片，从中间到两侧均匀刷三遍。

Step 3

用雕花笔蘸一点黄色甲油，在甲片上画出香蕉大致形状。

Step 4

用蘸了黑色甲油的雕花笔，勾画香蕉的头尾部分。

Step 5

用雕花笔蘸一点桃红色甲油，写上L、O、V、E四个字母。

Step 6

最后在甲片上涂上一层亮油，让美甲颜色更亮丽也更持久。

四种颜色打造可爱蕾丝

Finish

　　充满女性元素的蕾丝无论在妆容、时装还是饰品中都被无限地运用，无数时尚名媛都折服在它的风采之下，用充满魅力的蕾丝来装饰你的指甲同样会增加你的吸睛指数。

Step 1

在刷满白色甲油的甲片 1/2 偏上方到甲尖部分，涂上红色甲油。

Step 2

在涂了红色甲油的 1/2 偏上方到甲尖部分，涂上黑色甲油。

Step 3

在红色和白色甲油的交界处，用黑色甲油描一条线。

Step 4

用雕花笔蘸一点黑色甲油，描出蕾丝形状。

Step 5

在红色和黑色甲油交界处，贴一条金色细线。

Step 6

最后在甲片上涂上一层亮油，让美甲颜色更亮丽也更持久。

28 四种颜色打造乖巧兔子

Finish

卡通兔子造型深受广大女生的喜爱，萌萌的小白兔让一颗少女心爆发，在色彩的搭配上选择糖果色系会让人更有好感。

Step 1

将底油用小刷子均匀地涂在甲片上，等待底油晾干。

Step 2

用蓝色指甲油刷满甲片，从中间到两侧均匀刷三遍。

Step 3

用白色甲油在甲尖部分，刷出小白兔的脸及耳朵。

Step 4

用白色甲油修整好小白兔的形状，填充均匀颜色。

Step 5

用雕花笔蘸一点黑色甲油，画出小白兔的眼睛和嘴巴。

Step 6

用蘸有粉红色甲油的雕花笔，画出小白兔的耳朵和腮红。

四种颜色打造文艺海魂衫

Finish

海魂衫通常是蓝白相间的条纹衫，虽然在几十年前已开始流行，但现在又复古姿态重新进入人们视野。改用红色条纹，更增加了一丝俏皮和可爱。

Step 1

用白色指甲油刷满甲片，从中间到两侧均匀刷三遍。

Step 2

用蘸了红色甲油的雕花笔，在甲片上画四条平行线。

Step 3

在甲尖用蘸了蓝色甲油的雕花笔，画出海魂衫的领子。

Step 4

在领子中间点上胶水，用橘木棒贴上一颗白色的水钻。

Step 5

用蘸了黄色甲油的雕花笔，在甲片上画上船锚的形状。

Step 6

用雕花笔蘸一点黄色甲油，继续加深图案颜色。

四种颜色打造破壳鸡仔

Finish

小动物图案也是表现可爱的一把利器，小巧呆萌的鸡仔，更让旁人禁不住有想要爱护的感觉。选择白色与黄色的搭配，不仅贴合主题，更体现出天真可爱的味道。

Step 1

用白色指甲油刷满甲片，从中间到两侧均匀刷三遍。

Step 2

在甲片的 1/2 处到甲尖部分，用黄色甲油刷子均匀涂上黄色。

Step 3

用蘸了白色甲油的刷子，在黄白甲油交界处画三个小三角。

Step 4

用雕花笔蘸一点黑色甲油，在甲尖点出鸡仔的眼睛。

Step 5

用红色甲油确定鸡仔嘴巴的位置，画一个三角形。

Step 6

用红色甲油修整鸡仔嘴巴的形状，并填充颜色。

polish nails

Chapter 3

贴饰制胜！粘贴技巧营造指尖美感

通过精致地细节处理，让你的美甲大大加分。

不同材质和类型的饰物，更突出指甲的立体度。

打败司空见惯的平面图案，让美甲也玩出 3D 造型。

快显出你的小心思，学习粘贴技巧展现美丽指尖。

蕾丝 突出指尖细腻立体度

每个女生心中都藏着一个公主梦，蕾丝是表现公主气质必不可少的元素，再搭配俏皮可爱的波点，更显女生对于公主梦的情愫。

Step 1

将底油用小刷子均匀地涂在甲片上，等待底油晾干。

Step 2

用白色指甲油刷满甲片，从中间到两侧均匀刷三遍。

Step 3

在甲尖部分刷上红色指甲油，刷的颜色厚重一点。

Step 4

用点花笔蘸一点黑色甲油，点在甲片的空白处。

Step 5

用镊子取一条蕾丝，粘在红色和白色甲油的交界处。

Step 6

最后在甲片上涂上一层亮油，让美甲颜色更亮丽也更持久。

水钻 整体提亮甲尖光泽度

若觉得只涂甲油不够亮眼，可以在美甲中运用水钻，增添甲尖的闪光点，提亮甲尖光泽度，在阳光下能更显闪耀。

Step 1

将底油用小刷子均匀地涂在甲片上，等待底油晾干。

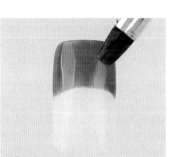

Step 2

用小刷子蘸红色甲油，刷在甲片1/2 处到甲尖部分。

Step 3

用小镊子取一颗蓝色的水钻，贴在甲片中间。

Step 4

再在第一颗水钻的左右两边，分别贴上两颗白色水钻。

Step 5

在水钻的左右和下方，分别贴上金色的小珠子。

Step 6

最后在甲片上涂上一层亮油，让美甲颜色更亮丽也更持久。

3 异形钻 大颗配饰让美甲更耀眼

结束了一天工作的严肃拘谨后，尽情释放自己的个性。选择大颗的异形钻夸张却不做作，更能增加美甲的立体感。

Step 1

用白色指甲油刷满甲片，从中间到两侧均匀刷三遍。

Step 2

用黄色甲油在甲尖斜着刷一条，颜色要均匀。

Step 3

在甲尖的左上角，即黄色和白色甲油交界处点上胶水。

Step 4

用小镊子分别取一颗白色水钻和蓝色水钻，竖着贴在甲片上。

Step 5

再在甲片空白处点上胶水，用小镊子贴上异形钻。

Step 6

在异形钻的下方和黄白甲油交界处，各贴一颗黄色水钻。

亮片 小小闪光拼凑热情民族风

民族风独具特色又不失潮流风范，热情鲜艳的红色底色搭配闪亮的彩色亮片，更是让这份热情延伸到指尖。

Step 1

用红色指甲油刷满甲片，从中间到两侧均匀刷三遍。

Step 2

在甲片下方先贴五片亮片，确定图案的大致形状。

Step 3

在之前定好的五个点间，用亮片连接起来，做成 M 形。

Step 4

用点花笔取红色亮片，按照 M 形，贴在白色亮片的上一排。

Step 5

按照同样的方法，取一些黄色亮片，在红色亮片之上再贴一排。

Step 6

最后在甲片上涂上一层亮油，让美甲颜色更亮丽也更持久。

三角铆钉 菱角分明也能优雅十足

没有炫彩的甲油涂色，只是在透亮的底油上点缀棱角分明的铆钉，看似普通，却能在挥舞手指的不经意间，流露独具个性的优雅。

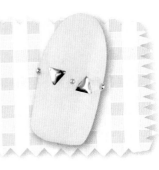

Step 1

将底油用小刷子均匀地涂在甲片上，等待底油晾干。

Step 2

在甲片的中间偏上的位置，点上两点胶水。

Step 3

在点了胶水的地方，按照不同方向贴上两个三角铆钉。

Step 4

分别在两个三角铆钉的左右两边和中间点上胶水。

Step 5

在点了胶水的地方，分别贴上三颗金色的小珠子。

Step 6

最后在甲片上涂上一层亮油，让美甲颜色更亮丽也更持久。

6 贝壳饰品 指尖的清新海洋风

清新的海洋风不一定要用湛蓝的海水来表现，巧妙利用贝壳饰品绘制其中，绝对能带来不同以往的海洋风气息。

Step 1

将底油用小刷子均匀地涂在甲片上，等待底油晒干。

Step 2

用蘸了黄色甲油的雕花笔，按照甲形在甲片上画一个圈。

Step 3

用黄色甲油刷在圈的外侧部分填满颜色。

Step 4

用雕花笔蘸一点红色甲油，在黄色甲油的内边缘画一个圈。

Step 5

在甲片正中间点上胶水，贴上一颗贝壳饰品。

Step 6

在贝壳上下各点上胶水，分别贴上一颗白色的水钻。

金属贴线 花样层出分割甲面色块

大胆鲜艳的选色，再用金属贴线勾勒出撞色间的明显分割线，使得甲面色块分明，给人干净利落的感觉。

Step 1

用白色指甲油刷满甲片，从中间到两侧均匀刷三遍。

Step 2

用红色甲油和蓝色甲油分别画两条斜线，确定填色区域。

Step 3

在确定好的区域内，填满红色和蓝色甲油。

Step 4

在甲尖的空白部分，用雕花笔填满黑色甲油。

Step 5

在各种不同颜色的交界处，贴上金色细线。

Step 6

最后在甲片上涂上一层亮油，让美甲颜色更亮丽也更持久。

金色铆钉 甲片上的酷感装饰

个性十足的条纹美甲，甲尖部分改用大片的上色，改变纯粹条纹的习惯套路，在甲尖部分，一颗酷感十足的铆钉胜过无数颜色。

Step 1

将底油用小刷子均匀地涂在甲片上，等待底油晾干。

Step 2

用白色甲油刷满甲片，从中间到两侧均匀刷三遍。

Step 3

用红色甲油刷在甲片的 1/2 偏上方到甲尖部分，刷满颜色。

Step 4

用蘸了红色甲油的雕花笔，在空白处中间偏上处画一条横线。

Step 5

间隔一定距离，在底部再画一条红色的横线。

Step 6

最后在甲尖点上胶水，贴上金色的铆钉即可。

金属圆珠 整齐排列出多种可能

白色与黄色相搭配，各包裹一半的甲面，省去繁杂的雕花设计，即使简简单单也有不一样的韵味。金色圆珠点缀，简单又不乏细节的精致。

Step 1

将底油用小刷子均匀地涂在甲片上，等待底油晾干。

Step 2

用白色指甲油刷满甲片，从中间到两侧均匀刷三遍。

Step 3

用黄色甲油将甲片中间 1/2 处到底部全部刷满黄色。

Step 4

在甲片底部的中间位置，点上一滴胶水。

Step 5

贴上六颗金色的小珠子，排列成三角形状。

Step 6

最后在甲片上涂上一层亮油，让美甲颜色更亮丽也更持久。

10 金银贴花 最便捷的美甲饰品

白色与红色条纹的碰撞，让指尖尽显年轻时尚之感，而金银贴花的点缀，如画龙点睛一般让整个美甲造型更加温婉可爱。

Step 1

将底油用小刷子均匀地涂在甲片上，等待底油晒干。

Step 2

用白色指甲油刷满甲片，从中间到两侧均匀刷三遍。

Step 3

用雕花笔取一点红色甲油，在甲尖部分画四条竖线。

Step 4

用金粉与透明甲油混合，在竖线的顶端描一条细线。

Step 5

用小镊子取一个蝴蝶结，贴在细线的中间位置。

Step 6

最后在甲片上涂上一层亮油，让美甲颜色更亮丽也更持久。

珍珠贴饰 营造指尖的奢华

手握一杯散发清香的红茶，享受着悠闲的下午茶时光，指尖搭配典雅的珍珠贴饰美甲，充满无限的浪漫与奢华。

Step 1

将适量的绿色和白色甲油滴在调色盘上调出嫩绿色。

Step 2

用小刷子取嫩绿色甲油，涂在甲尖处，下方呈现弧形。

Step 3

在嫩绿色和白色甲油交界处，贴上一颗珍珠饰品。

Step 4

在珍珠饰品的周围，贴上四片金色的铆钉。

Step 5

用金粉与透明甲油混合，在两种甲油的交界处描一条细线。

Step 6

在珍珠饰品周围，即亮片的中间，贴上四颗金色的小珠子。

12 复古宝石 浓郁的指尖罗马风

复古宝石充满了罗马风情，它那灵动的蓝色在亮油的覆盖下更具光泽，金色珠子的环绕使得整体更为精致，灵气十足。

Step 1

先将指甲过长部分减掉，用打磨条磨出想要的形状。

Step 2

将底油用小刷子均匀地涂在甲片上，等待底油晾干。

Step 3

用白色指甲油刷满甲片，从中间到两侧均匀刷三遍。

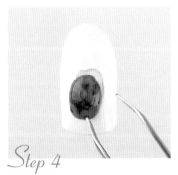

Step 4

在甲片的下方点上胶水，贴上一颗复古宝石饰品。

Step 5

在复古宝石饰品的周围贴一圈金色的小珠子。

Step 6

最后在甲片上涂上一层亮油，让美甲颜色更亮丽也更持久。

心形铆钉 刚柔并济的可爱饰品

充满浪漫气息的心形铆钉，仿佛让我们看到了美丽可爱的梦幻公主。刚柔并济的心形铆钉和少女系的蓝白甲油相搭配，怎能不让人心动。

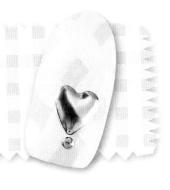

Step 1

将底油用小刷子均匀地涂在甲片上，等待底油晾干。

Step 2

将适量的蓝色和白色甲油滴在调色盘上调出天蓝色。

Step 3

在甲片上刷一层蓝色甲油，在表面画上白色斜线。

Step 4

用蘸了白色甲油的刷子，往反方向再画几条斜线。

Step 5

在甲片中间点上胶水，贴上心形铆钉。

Step 6

在心形铆钉的下方，贴上一颗金色小珠子。

14 星星贴饰 活泼小饰品点亮美甲

数字元素很自然让人联想到球服之类的运动风，它是青春活力的代表，若再简单利用一些小饰品，会使指尖更加活泼闪亮。

Step 1

将底油用小刷子均匀地涂在甲片上，等待底油晾干。

Step 2

用雕花笔蘸一点蓝色甲油，在甲片上点出图案的位置。

Step 3

用蘸了蓝色甲油的雕花笔，连接各个定点，描出数字 73。

Step 4

用蘸了红色甲油的雕花笔，在甲尖边缘处描一条红色细线。

Step 5

在数字 3 的上方点一滴胶水，贴上星星饰品。

Step 6

最后在甲片上涂上一层亮油，让美甲颜色更亮丽也更持久。

方形宝石 晶莹剔透的果冻美甲

果冻美甲带来果冻般的晶莹剔透感，令手指显得水润动人，蓝绿色的甲油加上方形宝石的搭配，又增添一丝高贵和神秘的感觉。

Step 1

将适量的蓝色和绿色甲油滴在调色盘上调出蓝绿色。

Step 2

用蓝绿色甲油刷满甲片，从中间到两侧均匀刷三遍。

Step 3

确认好方形宝石饰品在甲尖的位置，并点上一滴胶水。

Step 4

用小镊子取方形宝石饰品，贴在甲尖的胶水上。

Step 5

在方形宝石饰品的下方，贴上一颗金色小珠子。

Step 6

最后在甲片上涂上一层亮油，让美甲颜色更亮丽也更持久。

16 水果软陶 丰富甲面的美甲小饰

水果是展现小清新的最好元素，看到水果造型的美甲后，仿佛烦闷的心情瞬间被融化，选择这样造型的女生，都有一颗简单又可爱的少女心。

Step 1

将底油用小刷子均匀地涂在甲片上，等待底油晾干。

Step 2

用白色指甲油刷满甲片，从中间到两侧均匀刷三遍。

Step 3

用黄色甲油刷将甲片基本涂满，下方留出些许空白。

Step 4

在甲片右下方点上胶水，确定水果软陶的基本位置。

Step 5

用小镊子取一个水果软陶，贴在刚才点好的胶水上。

Step 6

在水果软陶的周围，贴上三颗颜色不同的水钻。

17 树脂饰品 指尖上的美味小点心

少女系的嫩粉色搭配造型感十足的树脂饰品，无论在哪个季节都能代表夏天的十足活力，给你无与伦比好心情。

Step 1

将底油用小刷子均匀地涂在甲片上，等待底油晾干。

Step 2

将适量的白色和红色甲油滴在调色盘上调出粉色。

Step 3

用粉色指甲油刷满甲片，从中间到两侧均匀刷三遍。

Step 4

用白色甲油在甲片下方的 1/4 处不规则涂刷。

Step 5

在甲片中间偏右的地方点上胶水，确定好树脂饰品的基本位置。

Step 6

用小镊子取一个树脂饰品，贴在刚才点好的胶水上。

18 立体眼睛 古灵精怪的点睛之笔

搞怪的立体眼睛，是否有让你回忆起儿时的玩具和动画片？充满童真趣味的饰品，不禁带着你回到那午后玩耍的童年时光。

Step 1

用红色指甲油刷满甲片，从中间到两侧均匀刷三遍。

Step 2

在甲片中间点上胶水，确定立体眼睛的基本位置。

Step 3

用小镊子取一个立体眼睛饰品，贴在刚才点好的胶水上。

Step 4

用蘸了黑色甲油的雕花笔，在甲片上描出眉毛和牙齿。

Step 5

用蘸了白色甲油的雕花笔，将牙齿涂成白色。

Step 6

最后在甲片上涂上一层亮油，让美甲颜色更亮丽也更持久。

19 尖头铆钉 轻松打造摇滚金属风

打造摇滚风格，怎能少得了黑色甲油和铆钉的组合，它们可是亘古不变的经典搭配，让我们一起摇滚起来吧！

Step 1

将底油用小刷子均匀地涂在甲片上，等待底油晾干。

Step 2

用白色指甲油刷满甲片，从中间到两侧均匀刷三遍。

Step 3

在甲片上确定铆钉的基本位置并点上胶水，在中间部分先贴一竖排铆钉。

Step 4

用橘木棒取两颗铆钉，贴在甲片右边部分。

Step 5

再用橘木棒取两颗铆钉，贴在甲片左边部分。

Step 6

最后在甲片上涂上一层亮油，让美甲颜色更亮丽也更持久。

20 荧光色铆钉 俄罗斯方块的有趣拼法

将经典的俄罗斯方块游戏搬上指尖，不仅带着些许童趣还有复古的韵味。荧光色的铆钉拼接，给这种复古游戏加上了炫目的未来感。

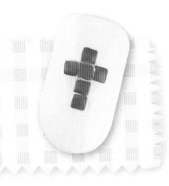

Step 1

将底油用小刷子均匀地涂在甲片上，等待底油晾干。

Step 2

用白色指甲油刷满甲片，从中间到两侧均匀刷三遍。

Step 3

在甲片中间部分点上胶水，确定铆钉的基本位置。

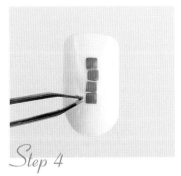

Step 4

用小镊子取四颗荧光色铆钉，在甲片中间竖着贴一排。

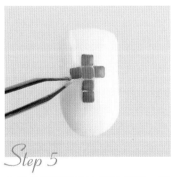

Step 5

在竖排铆钉的左右两边各贴一颗铆钉，组成十字架形状。

Step 6

最后在甲片上涂上一层亮油，让美甲颜色更亮丽也更持久。

polish nails

Chapter 4

造型升级！通过美甲改变双手印象

说起美甲，不要误以为它只会简单地装饰双手。

尝试更为复杂的美甲图案和更为多变的美甲造型，

不仅可以引人瞩目，还可修饰手指的不足。

让指与甲相得益彰，通过美甲来改变你双手的印象。

圆弧图案 令指尖柔美增长

经典的格纹大衣，显示出女生的端庄典雅，没有菱角的圆弧美甲造型，搭配跳跃的红色，使其显出的温婉更包含一股青春气息。

单纯的红色会显得太过抢眼，选择不一致的涂色面积，使这份抢眼有所收敛但又不失个性。

★ ★ ★

创意大爆炸

Finish

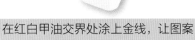
在红白甲油交界处涂上金线，让图案部分更为突出！

1

将底油用小刷子均匀地涂在甲片上，等待底油晾干。

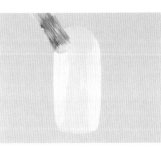

2

用白色指甲油刷满甲片，从中间到两侧均匀刷三遍。

3

用雕花笔蘸一点红色甲油，在甲片上描两条曲线。

4

用红色甲油刷将两条曲线间的空白部分填满。

5

用雕花笔蘸一点黑色甲油，在红色甲油部分点上波点造型。

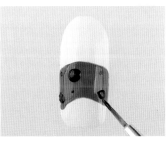

6

再用蘸了黑色甲油的雕花笔，将波点修整成大小不一。

7

用金色甲油在红色和白色甲油的交界处，分别涂上金线。

8

最后在甲片上涂上一层亮油，让美甲颜色更亮丽也更持久。

虚线切割 掩饰甲片过圆尴尬

　　利用简单的黑白色和简约的线条图案搭配，即富有连续性又能调动人的想象力，似乎在甲面上真能看到剪刀在动，充满童趣。

　　别看美甲的整体造型简约，但是用虚线组成切割的图案却另有心思。选用这样的造型，可以掩饰指甲过圆的尴尬。

★ ★ ★

创意大爆炸

Finish

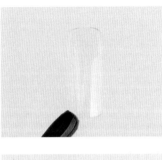

1

将底油用小刷子均匀地涂在甲片上，等待底油晾干。

剪刀切割的图案，让甲形在视觉上偏向方形呈现。

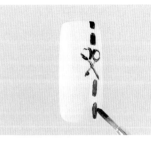

5

用黑色甲油将之前画好的四个点加粗加长成虚线形状。

2

用白色指甲油刷满甲片，从中间到两侧均匀刷三遍。

6

用雕花笔蘸上黑色甲油，加深剪刀图案的颜色。

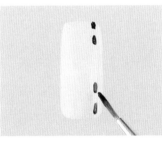

3

用黑色甲油在甲片右边描四个点，中间留出一段距离。

7

继续用雕花笔描粗剪刀图案，修整图案的整体效果。

4

用雕花笔蘸一点黑色甲油，在四点间的空白处绘出剪刀形状。

8

最后在甲片上涂上一层亮油，让美甲颜色更亮丽也更持久。

3 波浪线条 延长指甲长度

　　除了俏皮和可爱，女生还可尝试比较个性的不规则图案，例如两段色的样式很是抢眼，给人耳目一新的感觉。

不规则的波浪线条，让甲面显得不拘一格，弯曲的波浪无形中延长了指甲的长度，让双手看起来更显修长。

★ ★ ★

Finish

1

用雕花笔蘸一点黑色甲油，在甲片上画一条波浪线。

指尖部分的晕染状，有一种墨迹在水中晕开的舞动感。

2

用雕花笔在波浪线下方，再画一条形状类似的线条。

3

在波浪线下方，用两条黑线组成一个半圆形。

4

用蘸了黑色甲油的雕花笔，在两个半圆里画四条竖线。

5

在两条波浪线中间的空白处，也画上较密集的竖线。

6

用雕花笔蘸一点绿色甲油，涂在甲尖部分。

7

用棉花棒将甲尖处甲油轻轻按压，做出晕染的效果。

8

最后在甲片上涂上一层亮油，让美甲颜色更亮丽也更持久。

粗细横纹 拓宽过窄甲面

可爱女孩总是能让俏皮在指尖停驻，粗线条纹的简单换搭，能让你在新的一天中，重新诠释可爱风格。

圆弧形状和横条纹在视觉效果上，有助于让过窄的甲面看起来更宽一些，不同颜色条纹的相互穿插也更显俏皮。

★ ★ ★

创意大爆炸

Finish

1

先将指甲过长部分减掉，用打磨条磨出想要的形状。

在透明甲面周围只涂红色圆圈的画法，让甲面显得更加的饱满。

5

用红色甲油将圆圈到甲片边缘的部分全部刷红。

2

将底油用小刷子均匀地涂在甲片上，等待底油晾干。

6

在甲片下方偏右，红色和透明甲油的交界处，点上胶水。

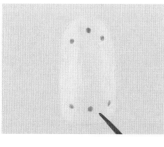

3

用蘸了红色甲油的雕花笔，在甲片上点出六个点。

7

用橘木棒取一颗金色亮片，贴在点了胶水的地方。

4

用红色甲油将六个点连接起来，形成一个圆圈。

8

最后在甲片上涂上一层亮油，让美甲颜色更亮丽也更持久。

5 粗细横纹 拓宽过窄甲面

高雅华贵怎能用金色就简单表达，选择有棱有角的抽象线条来演绎金色的魅力，与服饰发型相呼应，优雅表现得恰到好处。

金线描绘的抽象线条，能够修正方形指甲的棱角感，不规则的美甲图案，让吸引力更放在甲面而不是甲形上。

★ ★ ★

创意大爆炸

 *Finish*

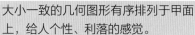

1

将底油用小刷子均匀地涂在甲片上，等待底油晾干。

2

在涂满白色甲油的甲片上，点上适量胶水。

3

用小镊子取两条金线，在甲片上下部分各贴一条。

4

用小镊子在甲片正中间再贴一条金线，三条线保持平行。

大小一致的几何图形有序排列于甲面上，给人个性、利落的感觉。

5

从甲片左上方至右下方，斜着贴两条平行的金线。

6

再用同样的方法，在反方向斜着贴两条平行的金线。

7

将两条较短的金线分别贴在甲片下方的左右两边，组成三角形。

8

最后在甲片上涂上一层亮油，让美甲颜色更亮丽也更持久。

6 心形图案 缓解甲缘过尖视觉

想必心形是女生们都不会拒绝的图案，大胆选用红色和绿色的跳跃搭配，尽显爱情的甜蜜滋味。

想要避免甲缘过尖，选择圆润的心形图案再合适不过。将爱心的边缘画得圆润、饱满，就能达到修饰甲缘的效果。

★★★

创意大爆炸

 Finish

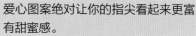
爱心图案绝对让你的指尖看起来更富有甜蜜感。

1

将底油用小刷子均匀地涂在甲片上，等待底油晾干。

2

用白色指甲油刷满甲片，从中间到两侧均匀刷三遍。

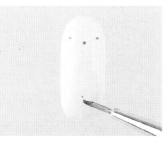

3

用雕花笔蘸红色甲油，在甲片上点出爱心图案的位置。

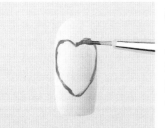

4

用红色甲油将定位的点连接起来，绘出一个爱心图案。

5

用红色甲油刷将爱心图案全部涂满，修整好图案形状。

6

用胶水在爱心图案的中心点一滴胶水。

7

用橘木棒取一颗金色亮片，贴在点好的胶水上。

8

最后在甲片上涂上一层亮油，让美甲颜色更亮丽也更持久。

点线结合 解决指甲凹凸不平的烦恼

大海想必是每个女生都向往的地方，无论是穿着飘逸的长裙踏在洁白的浪花上，还是和另一半并肩看着海上日落，都是极其美好的景象。

点与线的结合可以让人忽略掉甲面的凹凸不平，蓝色主调洋溢着海洋风，红色波点增加了几分跳跃。

★★★

创意大爆炸

Finish

1

将底油用小刷子均匀地涂在甲片上，等待底油晾干。

曲折的线条形状改变了视觉效果，可以修饰甲面不够平整的缺陷。

2

用白色指甲油刷满甲片，从中间到两侧均匀刷三遍。

3

用雕花笔取一点蓝色甲油，在甲片两边点六个点。

4

将六个点连接起来，形成一条蓝色的曲线。

5

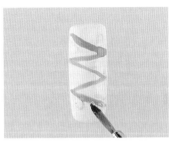

用蓝色甲油将曲线加粗并修整好形状。

6

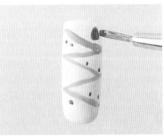

用雕花笔取一点红色甲油，在空白部分点上波点。

7

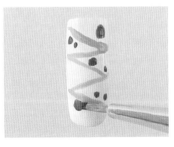

用红色甲油将波点颜色加深，描出大小不一的效果。

8

最后在甲片上涂上一层亮油，让美甲颜色更亮丽也更持久。

浅色碎花 清新色彩提亮肤色

一次浪漫的约会怎能没有浅色碎花相伴？清新的颜色，饱满而不突兀，仿佛将心中的丝丝甜美悄然绽放于指尖。

清新的碎花图案带动手指的春天气息，较明亮的色彩可以让手指关节处的暗沉肌肤得到提亮。

★ ★ ★

创意大爆炸

Finish

鲜艳的红黄花色配上青嫩的绿叶衬托，让指尖充满清新感。

1

在涂满白色甲油的甲片上，用红色甲油画两朵花。

2

用蘸了黄色甲油的雕花笔，在甲片右边涂出花朵形状。

3

用黑色甲油在黄色花朵上描出花瓣的层次和花芯。

4

用蘸了红色甲油的雕花笔，将红花的空白处填满。

5

用雕花笔蘸一点黑色甲油，在红花上描出轮廓和花芯。

6

用雕花笔蘸一点绿色甲油，在花朵周围画出绿叶形状。

7

再取一点绿色甲油，加深绿叶的颜色，修整图案形状。

8

用金色甲油在绿叶和花芯位置点上少许的颜色作为点缀。

荧光涂鸦 修饰手部肤色暗沉

　　若想寻找丢失的童趣，有什么比色彩斑斓的涂鸦更合适呢？回忆起小时候自由随性地涂涂画画，现在也可以让指尖来延续这股孩子气。

　　涂鸦给指尖增添了孩子般的率真和乐趣，再用流行的荧光色来描绘，让指尖更显耀眼，还可修饰手部暗沉的肌肤。

★ ★ ★

创意大爆炸

Finish

1

用白色指甲油刷满甲片，从中间到两侧均匀刷三遍。

钻石的图案在视觉上，给指尖的颜色带来了提亮。

2

用雕花笔蘸黑色甲油，在甲片上点出钻石图案的位置。

3

用蘸了黑色甲油的雕花笔，将画好的定点连接起来。

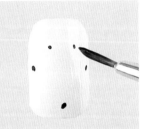

4

在钻石图案的中间空白处，用黑色甲油描出细节部分。

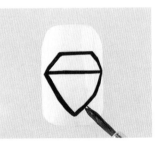

5

用红色甲油将钻石图案里的空白处填满。

6

用蘸了黑色甲油的雕花笔，将钻石图案修整好。

7

在钻石图案的上方，画三条黑色的竖线。

8

最后在甲片上涂上一层亮油，让美甲颜色更亮丽也更持久。

暖色手绘 让苍白甲色健康起来

和闺蜜相约午后时光，是最展现自在纯真个性的时候。清香的水果和煦煦的阳光，感染至指尖，使其色泽越发斑斓。

手绘图案简约而充满乐趣，搭配暖色的填充，可以给苍白的甲色增加温度，让手指看起来更加健康。

★ ★ ★

创意大爆炸

Finish

樱桃图案干净大方，为指尖带来清新可爱的感觉。

1

将底油用小刷子均匀地涂在甲片上，等待底油晾干。

2

用白色指甲油刷满甲片，从中间到两侧均匀刷三遍。

3

用雕花笔蘸一点黑色甲油，在甲片上点出树枝的定点。

4

用黑色甲油把定点连接起来，描出树枝大致形状。

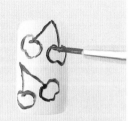

5

在树枝下端描绘出四颗樱桃的形状。

6

用红色甲油填充到樱桃的空白处。

7

用雕花笔蘸一点黑色甲油，修整樱桃形状。

8

最后在甲片上涂上一层亮油，让美甲颜色更亮丽也更持久。

11 果冻美甲 隐藏手部肌肤细纹

选择白色系的服装后，可以让有色彩的指尖来为气质加分。黄色不会太过浓郁，外加图案细节处的变化处理，定能表达你当下的心情。

果冻美甲就如其名，有光泽且有弹性，与彩色的水钻搭配，让指尖更显闪耀。其光滑感可以隐藏手部肌肤的不足。

★★★

创意大爆炸

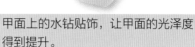

甲面上的水钻贴饰，让甲面的光泽度得到提升。

1

将底油用小刷子均匀地涂在甲片上，等待底油晾干。

2

在刷满白色甲油的甲片上，用黄色甲油画一个圆圈。

3

用黄色甲油将圆圈到甲片边缘的空白部分填满。

4

确定饰品的位置，在甲片中间点一滴胶水。

5

用橘木棒取一朵蝴蝶结，贴在点好胶水的位置。

6

用金色甲油在黄色和白色甲油交界的地方画一个圆圈。

7

用橘木棒在金色甲油上贴一圈彩色的水钻。

8

最后在甲片上涂上一层亮油，让美甲颜色更亮丽也更持久。

组合线条 连续图案弱化大指隙

　　五彩斑斓的色彩和组合线条拼成的奇幻造型，将这两者搭配搬上你的指尖，能让你在即使平庸的打扮中也变得不俗。

以拼凑三角形为主的组合线条，保持了图案的连续性，但又不失各自的特点，让人忽略掉手指间隙过大的缺陷。

★★★

创意大爆炸

 Finish

在涂好甲油的甲面上增添金属饰品，会让指尖更加立体有型。

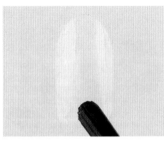

1

将底油用小刷子均匀地涂在甲片上，等待底油晾干。

2

用白色指甲油刷满甲片，从中间到两侧均匀刷三遍。

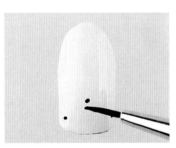

3

用蘸了黑色甲油的雕花笔在甲片下方点上三个点。

4

用黑色甲油将定点连接起来，绘出一个尖角的形状。

5

用红色甲油将尖角到甲尖部分全部刷满。

6

用橘木棒取一粒扇贝饰品，贴在尖角顶端。

7

再取一颗金色的亮片，贴在扇贝饰品下方。

8

最后在甲片上涂上一层亮油，让美甲颜色更亮丽也更持久。

深色甲片 收缩色系拯救厚实手背

纯黑色的搭配简约大方，实属百搭。以黑色为基底，在指尖稍微做一点创意，给经典的黑色加点料，便会迸发别样风情。

黑色不仅能与几乎所有颜色搭配，还有显瘦的功效，所以对于手背厚实的女生，收缩色系的美甲是一个好的选择。

★★★

创意大爆炸

Finish

红黑组合是搭配中的经典，艳艳红唇让黑色美甲也能充满女人味。

1

用白色甲油刷满甲片，从中间到两侧均匀刷三遍。

2

用蘸了黑色甲油的雕花笔在甲片上方画一条斜线。

3

用黑色甲油将斜线到甲尖部分全部涂满。

4

用雕花笔蘸一点黑色甲油，画出口红和爱心的图案。

5

再取一点黑色甲油，在爱心下方画出嘴唇图案。

6

嘴唇右边画一个气泡，里面写上字母"c"、"h"、"u"、"o"和一颗爱心。

7

用蘸了红色甲油的雕花笔，给口红和嘴唇填色。

8

用橘木棒取四颗金色铆钉，然后沿着斜线贴一排。

珠宝贴片 提高肌肤白皙度

在不同场合都要讲究全身的搭配，想要时刻取胜，就要在细节上下功夫。简单黑白色系堪称经典，搭配闪耀的珠宝贴片，知性但不失干练。

俗话说一白遮三丑，若手部肌肤不够白皙而难以选择甲油颜色时，黑白色甲油绝对是最安全之选。

★ ★ ★

Finish

珠宝饰品的点缀，更能提高肌肤的白皙度。

1

用白色指甲油刷满甲片，从中间到两侧均匀刷三遍。

5

在还没有饰品的右上方和左下，分别点上胶水。

2

在甲片上方点上胶水，用橘木棒贴上三颗金色圆珠。

6

用橘木棒取两颗白色水钻，分开贴在甲片的两个位置上。

3

再在甲片右下方的位置点上适量的胶水。

7

在左下方的白色水钻周围，贴上三颗金色圆珠。

4

用橘木棒在甲片右下方贴上两颗金色圆珠。

8

用同样的方法，在右上方的水钻周围贴上金色圆珠。

polish nails

Chapter 5

无限创意！有趣新颖的美甲画法

开始嫌弃你的美甲不够夺人眼球了吗？

那就抛掉之前的按部就班，大胆释放你的创意吧！

跟随本章一起天马行空，尽情迸发各种奇思妙想，

挑战各种有趣新颖的美甲画法，让你的美甲与众不同。

1 点圆笔 临时的绘甲工具

也许你会觉得雕花笔太软不易操作，点圆笔的硬度刚好并且又好操作，有了它清新的图案一下就能画好。

雏菊的图案清新可人，搭配银白色的纯色甲片让美甲款式丰富起来也更有看点。

★ ★ ★

创意大爆炸

Finish

1

将底油用小刷子均匀地涂在甲片上，等待底油晾干。

雕花笔因为毛质柔软对于美甲入门者来说可能难以控制，而随处可见的点圆笔便是晋升美甲手艺的最佳工具！

5

将适量的蓝色和绿色甲油滴在调色盘上进行混合。

2

用白色甲油刷满甲片，从中间到两侧均匀刷三遍。

6

用点圆笔蘸一点蓝绿色甲油，五点一组地点在甲面上。

3

将适量蓝色和白色甲油滴在调色盘上混合。

7

用点圆笔将五个蓝绿色的波点连接起来，组成花瓣状。

4

用点圆笔蘸一点淡蓝色甲油，点在甲面上。

8

最后在甲片上涂上一层亮油，让美甲颜色更亮丽也更持久。

2 海绵上色 超梦幻的棉花糖渐变

随处可见的海绵，千万可别小看毫无重量感的它，它是打造梦幻渐变的工具，其自然度比任何方法都要自然！

海绵打造的渐变更有一种柔美之感，搭配最有女人味的暖色系，让整个人变得甜蜜而又可爱。

★ ★ ★

创意大爆炸

Finish

1

将底油用小刷子均匀地涂在甲片上，等待底油晾干。

发挥你的想像就能用海绵轻松打造更多色系的棉花糖渐变美甲！

2

用白色甲油刷满甲片，从中间到两侧均匀刷三遍。

3

在甲尖部分刷上红色指甲油，刷的颜色厚重一点。

4

用镊子钳住一小块海绵，在甲片上轻轻按压几下。

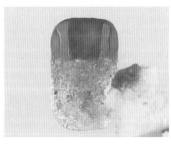

5

继续用海绵按压，直至红色甲油几乎蘸满整个甲片。

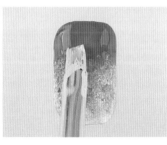

6

用刷子在交界处做一些修整，让渐变衔接得更自然。

7

用红色甲油的刷子在甲尖部分加重甲油的颜色。

8

最后在甲片上涂上一层亮油，让美甲颜色更亮丽也更持久。

3 锡纸团 极有质感的水磨牛仔

牛仔元素不仅在服装饰品上永不过时，在美甲上也不容或缺。只要将锡纸揉成小团，就能轻松制造出牛仔布的水磨效果。

刚硬的锡纸球可以营造水磨牛仔的机理，让指尖多了几份俏皮感，爱好休闲装扮的女性可轻易摆脱美甲的甜美气质。

★★★

创意大爆炸

1

将底油用小刷子均匀地涂在甲片上，等待底油晒干。

在制作好的机理效果的甲片边缘再添加一圈虚线，让牛仔质感更逼真！

5

在已经晾干的甲片上，涂上一层蓝色的指甲油。

2

用白色指甲油刷满甲片，从中间到两侧均匀刷三遍。

6

用镊子钳住锡纸团，蘸上白色甲油，轻轻点在甲片上。

3

将事先准备好的锡纸剪成一小张。

7

用雕花笔蘸一点白色甲油，在甲片四周画上白色虚线。

4

把剪好的锡纸揉成小团，用小镊子钳住使用。

8

最后在甲片上涂上一层亮油，让美甲颜色更亮丽也更持久。

4 纸质胶带 便捷的圣诞树画法

只要利用普普通通的细纸条，就能快速勾勒出圣诞树的基本线条，这种类似简笔画的风格，简单又不失可爱。

圣诞绿和闪耀的圣诞树，
正好能应景圣诞节的欢乐气氛，
增加圣诞节派对的人气指数！

★★★

创意大爆炸

Finish

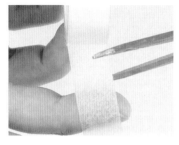

1

将事先准备好的胶带，用剪刀剪出需要的长度。

只需发挥想象力将胶带拼凑成各种不同的图案，再轻轻一揭开就能轻松打造你理想的效果图案。

5

将黄色甲油刷在错落贴着胶带的三角部分。

2

用绿色甲油刷满甲片，从中间到两侧均匀刷三遍。

6

取下胶带，用蘸黄色甲油的刷子修整图案。

3

用小镊子取两条胶带，在甲片中上方贴出一个×的形状。

7

用刷子在圣诞树的顶端点上一滴胶水。

4

再取四条较细的胶带，错落有致地贴在露出的三角部分。

8

用橘木棒取一颗红色的水钻，贴在圣诞树的顶端。

5 报纸印花 将喜欢的报纸搬到甲面上

不用再担心甲面的面积太小，以及在甲面上写字会效果不佳了。神奇的报纸印花方法，轻轻松松就将报纸搬到你的指尖。

英文报纸配上浅色甲油，浓浓的英伦风气质迎面扑来，不管是搭配中性风的衣服还是复古英伦风都十分不错！

★ ★ ★

创意大爆炸

1

将事先准备好的报纸，用剪刀剪出一小张。

除了英文字母还能将你喜欢的图案、文字搬到甲片上，注意采集可爱的小图文就能拥有最可爱的报纸美甲。

2

将报纸与甲片进行比较，剪出比甲片略大的报纸形状。

5

将报纸贴在甲片上，剪掉多出的部分报纸。

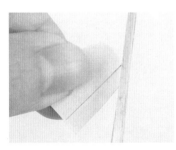

3

将事先准备好的双面胶，用剪刀剪出需要的大小。

6

用棉花棒蘸一点水，让报纸被水浸湿，将报纸涂掉。

7

将甲片上的报纸完全涂掉，只剩文字附着在甲片上。

4

把双面胶贴在报纸的背面，撕掉双面胶的贴纸。

8

最后用白色甲油和蓝色甲油混合，在甲面涂一层淡蓝色即可。

6 吸管喷溅 自然的斑驳色彩

　　喷溅的甲油形状随意，颜色也比较有层次感，而且保证每次制造出的图案都是独一无二的。这种不刻意去描绘的效果，更自然随性。

吸管喷溅的图案具有极高的放射感和随意感，这些慵懒的气质正适合热情洋溢的你。

★ ★ ★

创意大爆炸

 Finish

先将指甲过长部分减掉，用打磨条磨出想要的形状。

2

将底油用小刷子均匀地涂在甲片上，等待底油晾干。

3

用白色指甲油刷满甲片，从中间到两侧均匀刷三遍。

4

将适量的蓝色和白色甲油滴在调色盘上。

吸管喷溅打造的美甲最重要的就是配色，用相同色系配色是最保险的方法。

5

用雕花笔将蓝色和白色甲油混合，调出淡蓝色。

6

用吸管蘸上淡蓝色甲油，轻轻吹吸管，让甲油喷溅到甲片上。

7

用棉花棒将喷到甲片外边的甲油擦拭干净。

8

最后在甲片上涂上一层亮油，让美甲颜色更亮丽也更持久。

109

糖纸搓揉 双层色系无缝重叠法

吃完糖果的糖纸，这下有了新用法。只要多留意身边的小物件，灵活运用它们，就能带来比想象中更出乎意料的效果。

用糖纸打造的斑驳美甲，有着几分复古、几分甜美，不仅让废弃的糖纸有了用处，也让指尖多了一处亮丽的风景。

★ ★ ★

创意大爆炸

 Finish

1

先将指甲过长部分减掉，用打磨条磨出想要的形状。

2

将底油用小刷子均匀地涂在甲片上，等待底油晾干。

3

取透明色甲油和金粉放在调色盘上，用小刷子混合。

4

用小刷子蘸点金色甲油，均匀涂在甲片上。

用亮粉与甲油调和出来的底色让甲片拥有超强的金属质感！是一种万无一失的双色美甲玩法。

5

取适量蓝色甲油滴在调色盘上，再用小刷子摊开。

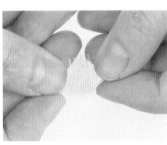

6

用手把糖纸反复搓软，把它揉成一小团。

7

用小镊子夹住糖纸，蘸一点蓝色甲油按压在甲片上。

8

最后在甲片上涂上一层亮油，让美甲颜色更亮丽也更持久。

8 花边剪刀 最便捷的法式美甲

法式美甲一直都受到女生们的青睐，它简约大方，几乎能适合出席所有场合。涂惯了千篇一律的单色美甲，借助花边剪刀就能在家制作优雅法式美甲。

花边剪刀分很多种形状，选择齿间相对间隔较大的花边，这样打造的法式美甲更加优雅、动人。

★ ★ ★

创意大爆炸

1

将底油用小刷子均匀地涂在甲片上，等待底油晾干。

黑白配色及简约的线条，让整个甲面看上去非常干练。

2

用黑色甲油刷满甲片，从中间到两侧均匀刷三遍。

5

把剪好的花边按在甲片上，露出下半部分。

3

拿出事先准备好的纸片，用剪刀将其减到合适大小。

6

用白色甲油刷在甲片的露出部分，颜色要均匀。

4

用剪花剪刀在纸片上剪出一条花边形状。

7

用蘸了白色甲油的雕花笔修整花边的形状。

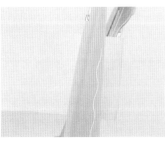

8

最后在甲片上涂上一层亮油，让美甲颜色更亮丽也更持久。

透明胶带 适合初学者的爱心画法

　　爱心代表爱情，爱心美甲很适合约会时候的搭配和装扮，为手残星人准备的超简单透明胶带爱心打造法，一样能体现幸福和甜蜜的感觉。

大红色的甲油可以让黝黑的手指瞬间光滑细嫩，而甜美的心形图案最适合出席各种约会场合。

★ ★ ★

创意大爆炸

Finish

1

用红色甲油刷满甲片，从中间到两侧均匀刷三遍。

5

打开对折的胶带，可以看出整个爱心的镂空形状。

2

拿出事先准备好的胶带，用剪刀剪出需要的长度。

6

把胶带贴在甲片上，镂空的爱心对准甲片中间位置。

3

将剪出来的胶带对折，保证对折后的长度是足够的。

7

取透明色甲油和金粉放在调色盘上，用小刷子混合。

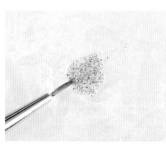

4

用剪刀在对折处，剪出半个爱心的形状。

8

用雕花笔取金色甲油，涂在甲面上，再撕下胶带即可。

发夹 日式波点与钩花

　　波点一直是深受女生喜爱的经典图案，在纯色上点上波点，就立即呈现可爱俏皮的感觉。再加上粉嫩的钩花，更显小女人的风味。

　　山茶花的图案透露出高贵典雅的气质，是一款在出勤以及一些晚宴上都能用到的美甲款式。

★ ★ ★

创意大爆炸

1

用白色甲油刷满甲片，从中间到两侧均匀刷三遍。

发夹的端点更适合画圆点，沾取甲油的多少就能决定圆点的大小。

5

用刷子蘸点黑色甲油绘出花朵的层层花瓣。

2

将适量的红色和白色甲油滴在调色盘上，调出粉色。

6

拿出被掰开的发夹，在一头涂上黑色甲油。

3

用刷子蘸一点粉色甲油，在甲片右上角画出花朵的形状。

7

用蘸了黑色甲油的发夹，在甲面空白处点上波点。

4

拿出事先准备好的发夹，将发夹两边掰开。

8

最后在甲片上涂上一层亮油，让美甲颜色更亮丽也更持久。

117

11 棉花棒 层次丰富的通透泡泡

在阳光下五彩斑斓的气泡通透且闪亮，它们是每个女性童年的美好记忆，现在只需用棉花棒就能将儿时最美的回忆印制在甲片上。

黑色的底色能够凸显气泡图案，通透的气泡图案十分梦幻，展现出你内心可爱的公主气质。

★ ★ ★

创意大爆炸

 Finish

深色的底色能够凸显气泡图案，如果手指偏黑也可以用浅色底。

1

用黑色指甲油刷满甲片，从中间到两侧均匀刷三遍。

2

用红色甲油轻轻地点在甲面上，保持圆点错落有致。

3

用棉花棒将红色甲油吸附掉，留下淡淡的红色空心状。

4

待红色甲油层干透后，用蓝色甲油轻轻点于甲片上，并保持一定厚度。

5

趁甲油没干透，用棉花棒将中间部分甲油吸掉，变成通透的气泡状。

6

用同样的方式，将绿色甲油点到甲片上。

7

再用棉花棒将绿色甲油吸附掉，留下淡淡的绿色点状。

8

最后在甲片上涂上一层亮油，让美甲颜色更亮丽也更持久。

水上拉花 浓厚的艺术气息

甲油在水中的自然结合，经过牙签的微微拨动，就能形成具有艺术感气息的拉花效果，快将这浓厚的艺术气息延续到你的指尖。

线条自然的甲片与变幻莫测的图案让美甲变得更有艺术气息。出席画展和艺术展的时候这款美甲会是个不错之选。

★ ★ ★

创意大爆炸

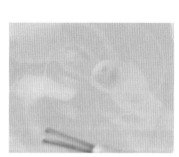

1

拿出事先准备好一杯水，打开蓝色甲油轻轻地往里滴。

滴下的甲油会迅速成为圆圈状，用牙签迅速地在圆圈上拉花犹如制作一杯香浓的焦糖玛奇朵般乐趣重重。

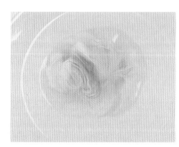

2

可看到水中的蓝色甲油渐渐晕开，有一圈纹路。

5

用牙签在水中轻轻拨动甲油，随意拉出花纹。

3

再往水中滴几滴深蓝色甲油，让水中的甲油圈出现层次感。

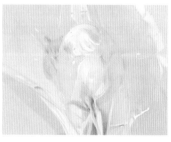

6

将甲片缓缓放入水中，让花纹印在甲片上。

7

将甲片从水中取出，稍等片刻后擦干甲片上的水。

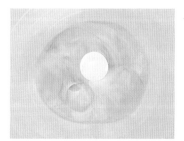

4

在蓝色甲油中间滴入一滴白色的甲油。

8

最后在甲片上涂上一层亮油，让美甲颜色更亮丽也更持久。

polish nails

Chapter 6

场合应用！美甲助阵全身穿搭

配合出席的场合，指甲也要展现出不同气质。

或高贵冷艳，或热情洋溢，或俏皮可爱……

选择恰当的美甲，能将你要突出的气质从服饰延伸到手指，完善整体效果。

快来大胆玩转色彩，让美甲助阵全身穿搭。

下午茶 突出指尖精致度的法式美甲

下午茶不仅能促进好友之间的情感也能很好地为自己补充能量，柠檬图案能让英式红茶充满香气也让你看上去更为精致。

半透明的质感让双手显得柔嫩白皙，椭圆形的甲型可以悄悄增长手指，让端着咖啡杯的手看上去更为优雅。

★ ★ ★

创意大爆炸

清新的配色和应景的图案能够让你对下午茶的胃口大开，也更愉快。

1

用白色甲油均匀地涂抹在甲面上，作为底部背景。

2

大概以 1:2 的比例调制黄色和白色甲油，得到柠檬色。

3

用雕花笔轻轻地将甲油搅拌均匀，避免产生气泡。

4

将调好的颜色在甲面上大致画出柠檬的位置和形状。

5

待柠檬黄色的甲油晾干后，再用没调过色的甲油勾边。

6

用雕花笔在柠檬周围画上几片柠檬的叶子点缀。

7

用绿色甲油加上蓝色甲油调和后，在画好的叶子上勾边。

8

最后在甲片上涂上一层亮油，让美甲颜色更亮丽也更持久。

2 生日派对 金属饰品点缀简约色调

生日派对就需要热情奔放的甲面图案才能衬托这个热闹的场面，金属饰品的反光特性会让你成为整个派对最闪耀的明星。

黑色和黄色搭配就像暗夜里的星星，低调但又隐隐发光，用不那么高调的美甲款式而赢得全场焦点是美甲制胜的重点。

★★★

黑白格子的简约搭配因为有了金属配饰而熠熠生辉！

1

用白色甲油均匀地涂抹在甲面上，作为底部背景。

2

在甲片上方1/2处用黑色甲油均匀涂抹。

3

待黑色甲油晾干后，用雕花笔画出两条白色的线条。

4

画好格子后，用金色亮粉调和甲油，再用勾边笔画出两条金线。

5

取一颗圆形铆钉，用橘木棒将圆形铆钉贴于甲面中心。

6

取一个三角形铆钉，沿水平线贴好铆钉。

7

在圆形铆钉的另一边贴一个相同的三角形铆钉，拼成蝴蝶结形状。

8

最后在甲片上涂上一层亮油，让贴饰更稳固，甲面更有光泽。

3 周末踏青 应景的热带雨林图案

　　忙碌了一周的工作，周末踏青前先用美甲缓解自己紧张疲惫的心情，再约家人一起踏青放松，是最好的减压方式。

　　方形的甲形方便踏青等外出活动的行动，不仅可以戴上美甲去郊游也能将周围的美景缩小成为精细的美甲图案。

★★★

创意大爆炸

红色的火烈鸟凸显美甲的主题，而相互交叠的热带雨林植物也丰富了美甲的层次。

1

用白色甲油均匀地涂抹在甲面上，作为底部背景。

2

用雕花笔沾取适量甲油，大致勾勒出火烈鸟的形状。

3

待火烈鸟图案干透后，用绿色甲油画一些树叶状。

4

用黄色甲油画出花朵图案，并且勾边。

5

红色甲油与绿色甲油调和好后，成为深红色甲油。

6

用雕花笔沾取调好的甲油，为花朵和树叶画上细节。

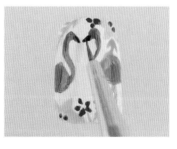

7

用黑色甲油画出火烈鸟的嘴巴，大约是细长的三角形状。

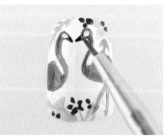

8

再用白色甲油画出火烈鸟的眼睛，让它更逼真有活力。

4 海岛度假 随性字母打造活泼运动风

一提到海岛，你是不是脑海中就浮现长裙草帽的影子，改变一下思路，就能够让千篇一律的海岛罗马风情立马变成富有活力的休闲运动风！

白红交映就犹如热情的海风，随性的字母和海军风条纹让度假心情大增，穿上方便运动的服饰在海边尽情玩耍吧！

★ ★ ★

创意大爆炸

1

借助修甲工具，将甲片上方直接修成椭圆形。

学会用英文字母表达你的心情，除了甲面上的英文还可以换上你想表达的字母！

5

用相同的方法再写出"U"、"P"两个英文字母。

2

为甲片涂上一层营养底油，保护指甲健康也更易上色。

6

最后在下方分别写出"G"、"I"、"R"、"L"这四个字母。

3

用白色指甲油均匀地涂抹在甲片上面。

7

在写好的字母上，调整细节，让字体更美观。

4

借助雕花笔在甲面上方先写"P"、"I"、"N"三个字母。

8

最后在甲片上涂上一层亮油，让美甲颜色更亮丽也更持久。

5 情侣约会 甜美美甲相约电影院

每次与男友约会都要精心地打扮一番，美甲这么能突出细节的部分一定也不能少。如果你还在苦恼约会选什么图案，那么就试试爆米花和可乐吧！

爆米花和可乐是最好的电影伴侣，可爱的造型会是男友欣赏你的关键，粉蓝色的搭配十分甜美。

★ ★ ★

创意大爆炸

1

用白色指甲油均匀地涂抹在甲片上面。

一桶满满的爆米花图案会让约会甜蜜指数直线上升。

2

用红色甲油画出竖条，中间预留一个白色长方形。

5

将白色条纹用黑线也衔接好后，开始画爆米花形状。

3

然后用黑色甲油将预留的空白处画出边框。

6

在等甲油晾干时，用绿色调红色甲油，调成深红色甲油。

4

再将画好的红色条纹也用黑色线条包好。

7

慢慢地将爆米花画满，让它们看上去丰富多层。

8

最后用调好色的甲油在甲面中间写上英文字母。

6 外出野餐 彩色格子营造可爱田园风

以野餐的餐布为元素制作美甲，不仅不用绞尽脑汁想野餐时的美甲图案，也能和野餐主题相得益彰。

简单的格纹图案因为有了彩色甲油的装饰而变得可爱又田园，搭配小清新的雏菊让人觉得空气也净化了许多。

★ ★ ★

创意大爆炸

Finish

1

将底油用小刷子均匀地涂在甲片上，等待底油晾干。

2

用黄色甲油将雏菊的大致位置定下来。

在雏菊花心上加上笑脸，运用一点小心机表达自己心情的愉悦，既有趣又不失可爱。

5

用相同的方法把最后一朵雏菊画好。

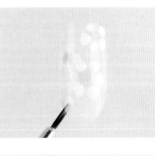

3

用白色甲油将花瓣的框架画下来。

6

画好所有的雏菊后，用雕花笔将形状都休整整齐。

7

在最大的那朵雏菊上面，画上笑脸图案。

4

在画好的花瓣边框里填满花瓣的颜色。

8

最后在甲片上涂上一层亮油，让美甲颜色更亮丽也更持久。

7 闺蜜聚会 图案拼接凸显休闲日常风

闺蜜聚会可以不用太庄重，休闲的衣着和轻松的话题就能让聚会非常愉悦，搭配休闲款式的美甲一定更完美。

图案拼接的样式会让你变得更有亲和力，与闲适的衣着相搭，不突兀且更加精致。

★★★

创意大爆炸

 Finish

1

白色甲油晾干后，先用大红色甲油画出一个色块。

2

用白色和绿色甲油调色，在指甲上方画出淡绿色倒三角形色块。

3

将白色和黄色甲油混合调成淡黄色后，衔接淡绿色画一个大色块。

4

借助雕花笔用蓝色甲油在空余的地方画上细格纹。

图案的拼接让美甲层次更丰富，是突出细节的好选择。

5

再用白色甲油在浅绿色色块上画出相同的细格纹。

6

在干透的淡黄色块上点上小红圆点。

7

以相同方法在红色色块上点上白色的圆点。

8

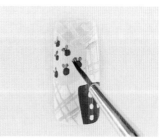

最后用绿色甲油在红色圆点上画出两片小叶子点缀甲面。

8 面试应聘 留下好印象的沉稳美甲

面试最重要的就是第一印象，除了得体的着装，一款合适的美甲也能够为你的初次面试加分。

黑白配色让甲面变得简约干练，搭配金属配饰，会给别人留下精致沉稳的形象。

★★★

创意大爆炸

黑白条纹井井有条，三角形铆钉也会给人留下稳重的印象。

1

将底油用小刷子均匀地涂在甲片上，等待底油晾干。

2

用雕花笔沾取适量黑色甲油，在甲片两侧边画两条平行线。

3

在甲片上下方画两条平行线，与两侧边的平行线衔接成为一个长方形。

4

用白色的甲油先将白色条纹的位置定下，间隔要相等。

5

用白色甲油在定好位置的白色条纹上加粗，并且修理形状。

6

用橘木棒取适量美甲胶水，在指甲下方的位置点上。

7

取一颗三角形铆钉，尖头向上的方位贴稳。

8

在甲片上涂一层亮油，让贴饰更稳固，甲面也更有光泽。

助威棒球赛 棒球元素可爱至极

偶尔看一场球赛不仅能够让身心放松下来，也能感受到球场上洋溢的青春活力，棒球赛助威一定要配套美甲才更有劲儿呐喊！

棒球元素收纳于五个甲片当中，加上铆钉的配饰，让美甲多了一份硬朗的运动气质。

★ ★ ★

创意大爆炸

 Finish

典型的黑白红配色，轻松打造运动棒球风！

1

将底油用小刷子均匀地涂在甲片上，等待底油晾干。

2

用白色甲油均匀地涂抹到修好的甲面上。

5

用红色甲油在甲面中间写一个"M"字母。

3

先用黑色甲油在甲面上画上粗细大致相同的条纹。

6

用橘木棒取适量美甲胶水，将圆形铆钉平行地贴在指甲上方。

4

画好条纹后，在四角画上四个小圆角。

7

按照相同的方式，将剩下的铆钉贴好。

8

最后在甲片上涂上一层亮油，让贴饰更稳固，甲面更有光泽。

10 参加婚礼 闪耀甲饰见证好友爱情

参加昔日好友婚礼，除了送上最真挚的祝福，也得搭配好得体的衣着再参加，在这种特定的场合里，一款合适的美甲会让朋友知道你的用心。

透明底油和彩钻的搭配，
令整个甲面干净怡人，在好友
婚礼当天搭配一身洁净的衣服
相得益彰。

★ ★ ★

创意大爆炸

Finish

1

用橘木棒取适量美甲胶水，点在甲面的右上方。

错落有致的彩钻，能够从细节体现出你的用心。

2

先将长条形、圆形、三角形铆钉选出并且贴上。

5

然后在点胶水的位置贴上粉红色的水钻。

3

将彩色的水钻也依次贴在相应的位置上。

6

再用甲油在粉色钻旁边点上少许，方便贴圆珠。

4

橘木棒点取少量胶水，点于指甲右下方。

7

取四个大小相同金属圆珠，贴在粉钻四周。

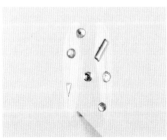

8

最后在甲片上涂上一层亮油，让贴饰更稳固，甲面更有光泽。

11 商务研讨 唯美线条简化研讨流程

商务研讨与面试一样需要一些相对稳重的美甲款式，才能更符合这样的场合，也能给合作伙伴传达出你的品位与态度。

白色和蓝绿色的美甲能够冷静人们的思绪，助你在商务研讨时更如鱼得水。

★★★

创意大爆炸

Finish

1

借助修甲工具，将甲片上方打磨成细长的椭圆形。

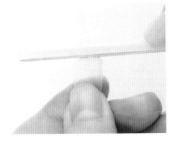

> 顺畅的线条搭配自然的渐变，让简约的甲面看起来并不简单。

2

用雕花笔在甲片上画两条斜着的曲线。

3

用白色甲油将色块填充完整。

4

用雕花笔将细曲线修理顺滑。

5

用蓝色和绿色甲油，调出让人冷静的蓝绿色调。

6

用调好颜色的甲油画出与白色曲线交错的蓝绿曲线。

7

取一根干净的棉花棒，将曲线晕染开来。

8

最后在甲片上涂上一层亮油，让甲面更有光泽也更持久。

12 家庭聚餐 讨长辈喜欢的红色美甲

家庭聚餐长辈都会十分关心年轻人的一举一动，选择符合他们心意的甲片款式，让长辈们更喜欢你吧！

喜庆的红色是长辈们最爱的颜色，也会让你的气色看起来更细嫩白皙，选择这样一款款式与长辈用餐，机智又大方。

★ ★ ★

创意大爆炸

Finish

利用爱心改造成法式美甲的款式，斯文又内敛！

1

将底油用小刷子均匀地涂在甲片上，等待底油晒干。

2

用雕花笔在甲片上点好5个点，定出心形位置。

3

根据点好的白点，连成曲线，爱心形状大致完成。

4

用红色甲油在指甲底部填充好色彩。

5

用白色甲油画出三组平行的斜线条。

6

再画出两组相反方向的平行线条，交织成网状。

7

为画好的美甲涂上一层快干甲油，节约等待时间。

8

最后在甲片上涂上一层亮油，让甲面更有光泽也更持久。

13 英语角活动 字母图案彰显英伦气质

英语角活动不仅能够促进你的英语口语水平，也是一个广交朋友的时机，用一款帅气的英伦美甲，博得国外友人的眼球吧。

以英文字母作为美甲选材，不仅简约也十分俏皮可爱，随意搭配衣服都透露出一种精灵般的英伦气质。

★ ★ ★

创意大爆炸

光写字母难免会单调乏味，但借助色彩点缀，就会别有一番滋味。

1

将底油用小刷子均匀地涂在甲片上，等待底油晾干。

2

用白色甲油均匀地涂抹在整个甲片上。

3

用雕花笔大致画出字母的形状和位置。

4

再在画好的位置上，将字母书写完整。

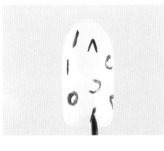

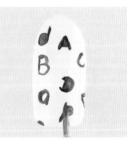

5

用红色甲油在字母上面点缀。

6

用黄色甲油点缀其余字母。

7

用黑色甲油将被覆盖的字母边缘刻画清晰。

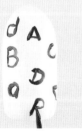

8

最后在甲片上涂上一层亮油，让甲面更有光泽也更持久。

149

14 邀约晚宴 珍珠贴饰让你典雅出席

　　晚宴是个十分能够彰显一个人搭配品位的场合，如果美甲与着装不搭，再完美的着装搭配也会给你的整体品味扣分。

出席晚宴除了一身典雅的礼服，与珠宝相应成趣的美甲款式也是必不可少的细节之一。

★ ★ ★

创意大爆炸

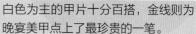

白色为主的甲片十分百搭，金线则为晚宴美甲点上了最珍贵的一笔。

1

涂好底油后，用雕花笔在美甲中间画一个正三角形状。

2

用白色甲油均匀地涂抹在除了三角形以外的甲片上。

3

剪三段长度相等的金线，并且贴上。

4

贴好第一条后，第二条一定要按照点来衔接。

5

以相同的方式，将整个三角形用金线框出。

6

在三角形的底部点上胶水，也就是珍珠的位置。

7

选取一颗圆润的珍珠贴饰，将其贴上。

8

最后在甲片上涂上一层亮油，让甲面更有光泽也更持久。

151